U0270797

我的第一本
科学漫画书
儿童 **百问百答** 65

揭秘
推理数学

版权合同登记号 14-2019-0017

图书在版编目（CIP）数据

揭秘推理数学 /（韩）都基成文图 ; 郭婧译 . -- 南
昌 : 二十一世纪出版社集团 , 2024.5
（我的第一本科学漫画书 ; 65. 儿童百问百答）
ISBN 978-7-5568-8343-1

Ⅰ . ①揭… Ⅱ . ①都… ②郭… Ⅲ . ①数学 – 少儿读
物 Ⅳ . ① O1-49

中国国家版本馆 CIP 数据核字（2024）第 095404 号

我的第一本科学漫画书·儿童百问百答 65

揭秘推理数学

JIEMI TUILI SHUXUE　　［韩］都基成　文 / 图　郭　婧 / 译

出 版 人	刘凯军
编辑统筹	姜 蔚
责任编辑	聂韫慈
美术编辑	陈思达
设计制作	洪 梅　缪雪萍
出版发行	二十一世纪出版社集团
	（江西省南昌市子安路 75 号　330025）
网　　址	www.21cccc.com
承　　印	江西宏达彩印有限公司
开　　本	720 mm × 960 mm　1/16
印　　张	11.5
字　　数	131 千字
版　　次	2024 年 5 月第 1 版
印　　次	2024 年 5 月第 1 次印刷
书　　号	ISBN 978-7-5568-8343-1
定　　价	30.00 元

赣版权登字 -04-2024-371　　　版权所有，侵权必究

购买本社图书，如有问题请联系我们；扫描封底二维码进入官方服务号。

服务电话：0791-86512056（工作时间可拨打）；服务邮箱：21sjcbs@21cccc.com。

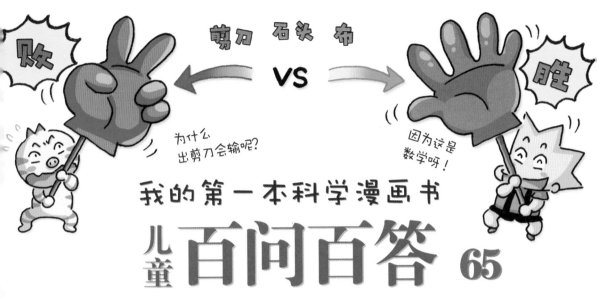

我的第一本科学漫画书
儿童百问百答 65

[韩] 都基成 文/图　郭婧/译

二十一世纪出版社集团
21st Century Publishing Group

看趣味问答，进入妙趣横生的科学世界！

编辑部的话

　　科学是人类认识世界、改造世界的工具。我们可以利用科学去了解世界的基本规律和原理。随着人类社会的发展，科技突飞猛进，很多人们过去不了解的事情都慢慢为人们所了解。这就是科学的力量。当然，这必须感谢一代又一代科学家的不懈努力，是他们引领我们获取科学知识，告诉我们怎样去探索世界。科学探索，首先要具备丰富的知识、敏锐的观察力；其次还需要好学上进的探索精神；最后，还需要一点点好奇心，当你开始去问"为什么"的时候，可能就是你探索世界的开始。

　　在我们的生活中，一个个奇怪又有趣的小问题看似简单，却可能隐藏着并不简单的科学原理。只要稍微留心一下平时那些容易忽视的事物，我们可能就会得到新的收获。

　　本书以"百问百答"的形式，提出了许多有趣的科学问题，从科学的角度为孩子们普及天文、地理、数学、物理、化学、生物学等学科知识，展示出一个丰富多彩的科学世界。这套书不仅能充分调动孩子们的好奇心，还能培养孩子们勇于探索的科学精神。好了，现在就让我们跟着书里的小主人公，一起走进广阔的科学世界，去感受科学的奇妙吧！

二十一世纪出版社集团
"儿童百问百答"编辑部

刺 头

非常机灵的淘气包，懂得多，好奇心强，对数学知识非常感兴趣。不过因为常常浪费时间做一些无厘头的事情，闹出笑话。

肥 猫

和刺头一起生活的贪吃猫。尽管他经常被刺头欺负，但偶尔也会让刺头吃点苦头。论闯祸，他和刺头不相上下。

荒唐怪　狗小怪　美顺　面具兔子　无理怪

狐狸少年

名侦探推理数学

30 分钟后会怎么样？ ·2

把杯子里的石头拿出来会怎样？ ·6

为什么只有一半的人要付车费？ ·10

鼻子处应该填什么数字？ ·14

把比萨送到 7 楼要花费多长时间？ ·18

怎么区分 10 个长得一样的小偷？ ·22

把画放进箱子里，会变出另一幅画？ ·26

面具兔子提出的问题的正确答案是什么？ ·32

如何取出塑料管里的红色炸弹？ ·36

如何把一块地平均分成 4 份？ ·40

星形图案的面积是多少？ ·44

如何找到真假混淆的真金珠呢？ ·50

谁是隐瞒黄瓜重量的人？ ·54

如何保护鸡蛋的安全？ ·60

说真话的鸡蛋是哪个？·64

狐狸少年几岁了？·68

如何平均分一张紫菜？·72

谁是偷铅笔的人？·76

如何把鸡蛋怪单独关起来？·82

正五边形里有多少颗珠子？·88

密码日记本里写了什么？·92

神秘的 UFO 的大门密码是什么？·96

如何从恐怖房间逃生？·100

强盗们分别是什么血型？·104

如何在 8 次内解出 3 位数密码？·108

F 键的位置在哪里？·112

神奇推理数学·116

生活中的推理数学

如何算出紧闭大门的密码？·120

小狗的重量是多少？·122

如何用2根火柴棒组成8个三角形？·124

如果从昨天算起，4天后是星期六，那明天是星期几？·128

5个人同时烤核桃饼，一共需要多长时间？·130

如何刚好倒出一半的水？·134

如何将正六棱柱形状的蛋糕平均分成8份？·138

梦的主人是谁？·142

方框里的数字是多少？·148

0大于2，2又大于5？·152

如何用一个5L和一个3L的容器恰好盛4L水？·156

计算快如闪电的秘诀是什么？·160

朋友们的姓氏和名字分别是什么？·164

趣味推理数学·170

名侦探

推理数学

奋笔疾书

西瓜和冰块的重量相比,哪个重?哪个轻?

喊,这算什么问题?

当然是一样重。跷跷板没有倾斜啊!

哎哟,不错嘛。

那30分钟后跷跷板会向哪边倾斜呢?

30分钟后?

冰块全部融化的话需要多长时间呢?

1小时。

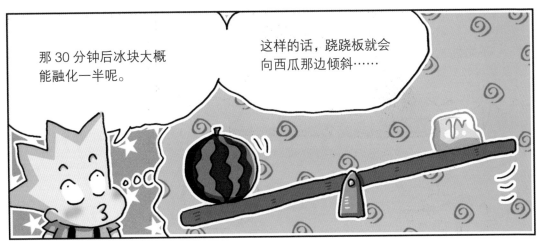

那30分钟后冰块大概能融化一半呢。

这样的话,跷跷板就会向西瓜那边倾斜……

把杯子里的石头
拿出来会怎样？

将 4 根木棍像这样摆放的话，就像一个杯子。

往杯子里放一块石头……

现在试着把石头从杯子里面放到杯子外面吧。

杯子外面？

这样不就好了吗？

不能用手去拿石头！

是通过移动2根木棍的位置，让石头处于杯子的外面。

哦……

这样摆放虽然石头在外面，但不是杯子的形状。

这样也不行……

石头依旧在杯子里面。

呃，不知道了！

哈哈，我来告诉你吧。

这根这样移动一下……

然后再这样移动一下另一根就好啦！

噢，原来是这样！

好，那我也来问个问题！

行，尽管问吧。

尝试不用手，把石头从杯子里取出来。

这不就是我刚才出过的题吗？这样子……

我都说了不可以用手！

不用手怎么拿呀？

我就可以做到！

那你试试看！

你看好了！

嗖

?

为什么只有一半的人要付车费？

嘿嘿，今天是和美顺出去玩的日子呢！

可是美顺怎么还没到呢？

肥猫，你好呀！

你来啦！

我是坐公交车过来的，路上有点堵车，所以迟到了。

哈哈，没关系。

但是刚才有件奇怪的事情。

奇怪的事情?

坐公交车的人中只有一半的人付了车费，但是公交车司机却没有生气。

是吗?

那可真是件奇怪的事情。

是吧!

但是稍微想一想，就会发现其实一点也不奇怪。

为什么?

因为这趟公交车里只有我一个乘客啊!

只有你一个人?

公交车司机

乘客

乘坐公交车的两个人中只有我付了车费，不就是只有一半的人付了车费吗？

哈哈，原来是这样啊！

那你是怎么来的呀？

我也是坐公交车来的。

我来的时候也发生了件奇怪的事情。

什么事情啊？

我没付车费，可是司机也没有生气。

你和司机认识吗？

我们互相都不认识。

那他为什么没有生气呢？

* 漫画情节，切勿模仿。

鼻子处应该填什么数字？

这个洞里藏了我的宝物。

除了我，谁都进不去。哈哈哈！

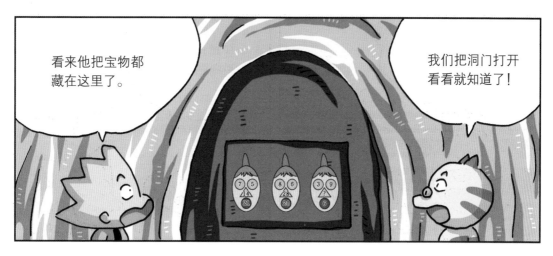

他刚刚说，只有猜对了问号里填的数字才能开门。

嗯……

哦，我知道了！

什么啊？

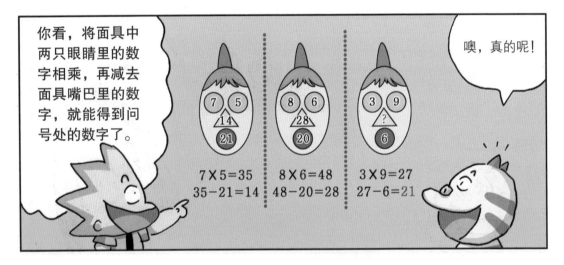

你看，将面具中两只眼睛里的数字相乘，再减去面具嘴巴里的数字，就能得到问号处的数字了。

噢，真的呢！

7×5=35
35−21=14

8×6=48
48−20=28

3×9=27
27−6=21

那么问号处的数字就是……

是21！

快把门打开看看吧！

开门吧，21！

把比萨送到7楼要花费多长时间?

看到前面这栋7层楼的建筑了吧?

嗯。

那座建筑物的1楼有家比萨店,看见了吗?

看见了。

比萨店里有个送比萨的机器人,它走台阶送比萨的话,送到3楼刚好需要30秒。

哦，原来是这样！这么简单的一个问题，我不小心就算错了呢！

哈哈。

那送到地下1楼要用多长时间呢？

地下1楼？

15秒！

错！

正确答案是50秒。

50秒？

1楼到地下1楼只相差1层楼，为什么要50秒啊？

让我来告诉你为什么是50秒。

怎么区分 10 个长得一样的小偷？

对了，我有个好办法！

什么办法？

做个印章盖在小偷们的额头上就可以快速区分他们了。

真是个好办法！

总共有 10 个小偷，那就得做 10 个印章。

不用，做 1 个就够了。

噢。

但只做 1 个的话怎么区分 10 个人啊？

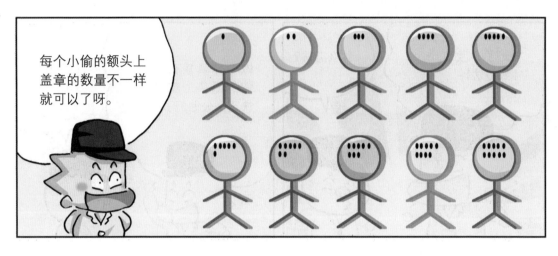

每个小偷的额头上盖章的数量不一样就可以了呀。

也可以这样盖章。

一会儿后

你看，印章做好了。

快给每个小偷的额头盖上章吧。

可是……

把画放进箱子里，
会变出另一幅画？

这是什么？

这是魔术箱。只要放一幅画进去，
就会变成另一幅画，并弹出来。
哈哈。

哇，好神奇啊！

你变一次让我们看看吧！

想看吗？

看，这里有一幅这样的画！

现在我把这幅画放进魔术箱里……

……

嗖

弹出

来，我们仔细看看第一幅画上的图形的变化规律。

图形的顺序刚好相反！

但是颜色没有发生变化！

别再转头了，晃得我头晕！

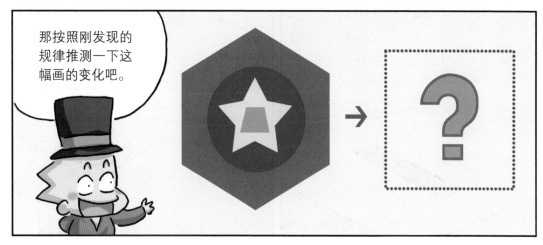

那按照刚发现的规律推测一下这幅画的变化吧。

啊!是面具兔子!

喀喀!

让我们过去吧!

我会放过你们的。

4　81　21□　202□　28□　23　6

前提是你们要解开这道题。

空格里的数字应该填多少?

这也太难了！

你应该按我们的水平出题呀。

这就是按你们的水平出的。

是吗？

你有些高看我们了吧？我们不会解数学题啊！

是啊，就连九九乘法表都还只能背到4开头的部分。

还要努力学习！

那你们也可以答出这道题来。

是吗？

九九乘法表只能背到4开头的部分的也可以回答出来？

难道是和4有关的乘法问题吗？

我们先背一下4的乘法口诀吧。

$$4 \times 1 = 4 \qquad 4 \times 6 = 24$$
$$4 \times 2 = 8 \qquad 4 \times 7 = 28$$
$$4 \times 3 = 12 \qquad 4 \times 8 = 32$$
$$4 \times 4 = 16 \qquad 4 \times 9 = 36$$
$$4 \times 5 = 20$$

提示会是什么呢?

我知道了!这道题是把和4有关的个位数乘法的结果列到一起了!

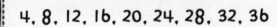

4, 8, 12, 16, 20, 24, 28, 32, 36

啊!那空格里的数字分别是6、4、3。

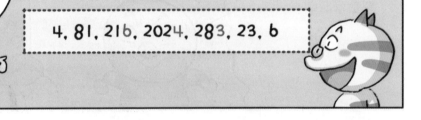

4, 81, 216, 2024, 283, 23, 6

哈哈,答对了!

哈哈,我们解出来了!

如何取出塑料管里的红色炸弹?

定时炸弹。

你说什……什么?

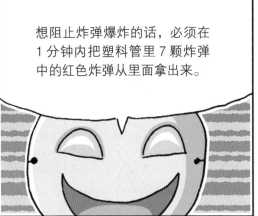

想阻止炸弹爆炸的话,必须在1分钟内把塑料管里7颗炸弹中的红色炸弹从里面拿出来。

如果蓝色炸弹掉出来的话,就会立即爆炸。

当然了,剪开塑料管也会引发爆炸。

那……那要怎么样才能拿出来啊?

你们自己看着办吧。

不快点拿出来的话,炸弹就要爆炸了!

他说炸弹快爆炸了!

快想想办法呀!

有了！让塑料管弯曲一下就可以了！

让塑料管弯曲？

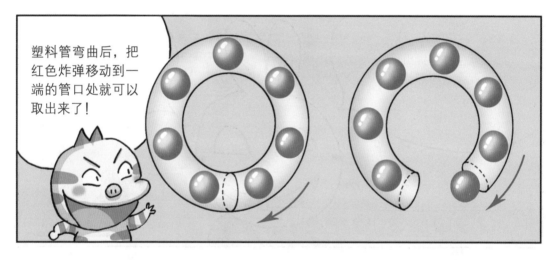

塑料管弯曲后，把红色炸弹移动到一端的管口处就可以取出来了！

怎么样，我拿出来了吧！

原来是用这种办法！

原来你也不知道怎么办啊！

嗯。

如何把一块地平均
分成4份?

谁在那边
吵架啊?

吵吵闹闹

啊，这不是火柴
人小偷们吗?

你们越狱了吗?

说话注意些!

我们是刑满
释放*了。

*刑满释放：已经服完刑期，可以出狱。

我们现在想踏踏实实地种地谋生。

那太好了！

那你们怎么不干活，而是在这边吵架呢？

都是因为这块地。

我们一起买了块地，现在要把这块地平均分成4份，这样才公平，我们4个就可以各自干各自的活了。

3个正方形拼起来的形状

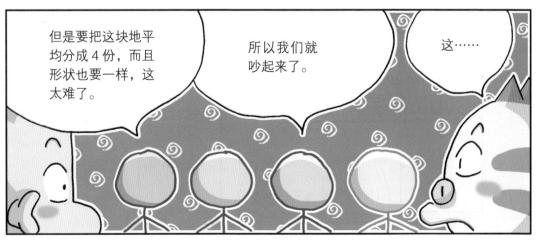

但是要把这块地平均分成4份，而且形状也要一样，这太难了。

所以我们就吵起来了。

这……

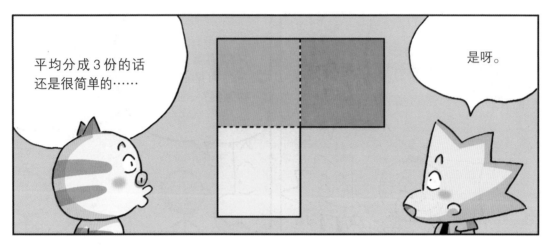

平均分成3份的话还是很简单的……

是呀。

有了，这样就可以了！

首先把这块地平均分成12个小正方形，然后再把每3个小正方形合成1份。

这样就可以把整块地平均分成4份了，而且形状也一样。

* 漫画情节，请勿模仿

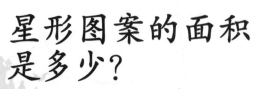

星形图案的面积是多少？

奋笔疾书

?

奋笔疾书

这家伙从上周开始，每天趴在那儿写什么呢？

* 漫画情节，请勿模仿

喊，白高兴一场！

啪

咦?

日记本的背面好像写了什么?

噢，原来是日记本密码的提示。

密码＝星形图案的面积

正六边形的面积＝90 cm²

怎么才能求出星形图案的面积呢?

满头大汗

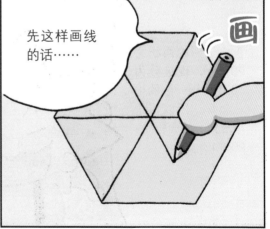

先这样画线的话……

画

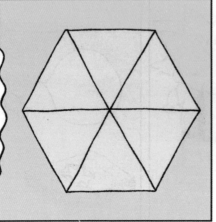

噢，正六边形被分成了6个大小相同的等边三角形！

再画几条线看看！

唰
唰

每个等边三角形又被分成了3个大小、形状一致的三角形，所以现在一共有18个大小、形状一致的三角形！哈哈，我马上就要算出来了！

计算 计算

正六边形的面积为90 cm²，现被分为18个面积一致的小三角形，所以每个小三角形的面积为：90÷18=5 (cm²)。

星形图案中共包含了12个小三角形，所以星形图案的面积为：5 x 12=60 (cm²)。

如何找到真假混淆的真金珠呢？

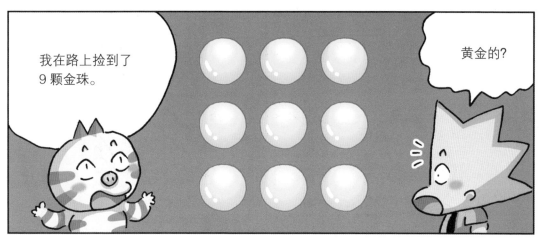

可是有 9 颗金珠……要怎么才能只用 2 次天平就找出真金珠呢?

别担心,我有办法。

真的吗?

首先在天平两侧各放 3 颗金珠,如果天平向一侧倾斜,则重的那一侧里有真金珠;如果天平保持平衡,则说明真金珠在剩余的 3 颗金珠里。

这边重,真金珠在这里面。

天平保持平衡时,真金珠在这里面。

然后将混有真金珠的 3 颗金珠,再分别放 1 颗在天平两侧,如果天平向一侧倾斜,那么重的那一侧放的是真金珠;如果天平保持平衡,那么剩余的那颗金珠是真金珠。

天平倾斜时,这颗是真金珠。

天平保持平衡时,这颗是真金珠。

噢，原来如此！

话说金珠在哪儿啊？

你说什么呢？

你不是说捡到了金珠吗？

没有啊，我不是说已经捡到了，我只是想知道如果真的遇到这种情况该怎么办而已。

你真是的！

哗啦

破碎的金珠梦

谁是隐瞒黄瓜重量的人?

我突然有点想吃腌黄瓜。

我也是!

那我们自己动手腌黄瓜吧!

好啊!

那我们先去买点黄瓜!

等一下!

我们直接找火柴人买不就好了嘛。

哦,对啊!

听说我们当中有一个人拿的是 10 根 9g 重的黄瓜。

是吗?

给,这是买黄瓜的钱。

等等!

我刚才听到他们说,他们当中有一个人拿的是 10 根 9g 重的黄瓜。

什么?!

我想着照顾他们的生意,才找他们买黄瓜的,居然有人缺斤短两?

是谁拿了 10 根 9g 重的黄瓜?快点坦白吧!

沉默……

太过分了!

别以为不说话我们就不知道了。我们用秤把装有黄瓜的袋子一称，就知道是谁撒谎了。

这里可有秤哦!

袋子里各装有 10 根 10 g 重的黄瓜，所以一袋的重量应该是 100 g。一共有 10 袋，那我们称 10 次就好了。

等等!

这把秤再称一次东西就要坏了，所以我们只能通过称一次的方法，找出撒谎的人。

你说什么?

这漫画里的秤，怎么都这个样子啊?

整整 10 袋，我们怎么才能只称一次就找到撒谎的人呢？

嗯……

有了，我有办法了！

什么办法？

我们把火柴人从 1—10 编号，1 号火柴人拿 1 根黄瓜、2 号火柴人拿 2 根黄瓜……以此类推，到 10 号火柴人就拿 10 根黄瓜。

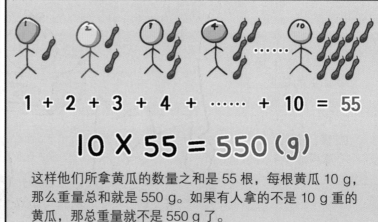

$$1 + 2 + 3 + 4 + \cdots\cdots + 10 = 55$$

$$10 \times 55 = 550\,(g)$$

这样他们所拿黄瓜的数量之和是 55 根，每根黄瓜 10 g，那么重量总和就是 550 g。如果有人拿的不是 10 g 重的黄瓜，那总重量就不是 550 g 了。

称重后的结果：如果是 549 g，距离 550 g 差 1 g，那么撒谎的人就是 1 号火柴人；如果是 548 g，距离 550 g 差 2 g，那么撒谎的人就是 2 号火柴人；如果是 547 g，距离 550 g 差 3 g，那么撒谎的人就是 3 号火柴人；

如果是 546 g，距离 550 g 差 4 g，那么撒谎的人就是 4 号火柴人；……以此类推，所以就算只称一次，我也能找出撒谎的人来。

如何保护鸡蛋的安全？

一个破旧的仓库里住着一只母鸡。

母鸡每次都下4个蛋。

可是每当母鸡下蛋之后，滚轮就会把所有的鸡蛋碾碎。

嘻嘻！

啊！

嗒嗒

嗒嗒

像这样不就还会
碾碎吗?

啊,还真是!

啪嚓

那怎么办啊?

滚轮真烦!

有了,这样就
可以了!

什么办法?

把 4 个鸡蛋
分别放在仓
库的 4 个墙
角,这样鸡
蛋就不会被
碾碎了。

滚轮是一个圆柱体,无论从哪个方
向滚动至墙角都不会压到鸡蛋。

哇,真
的呢!

说真话的鸡蛋是哪个？

你们一定要认真学习！

好的，妈妈！

可是，我们没有脑袋啊！

刚才那句话是谁说的？
不对，是哪个鸡蛋说的？

嗖

只有 1 个鸡蛋说的是真话，剩下的 3 个都说谎了！

你得告诉我谁说的是真话再走啊！

嗖

真是没办法，只能我亲自找了！

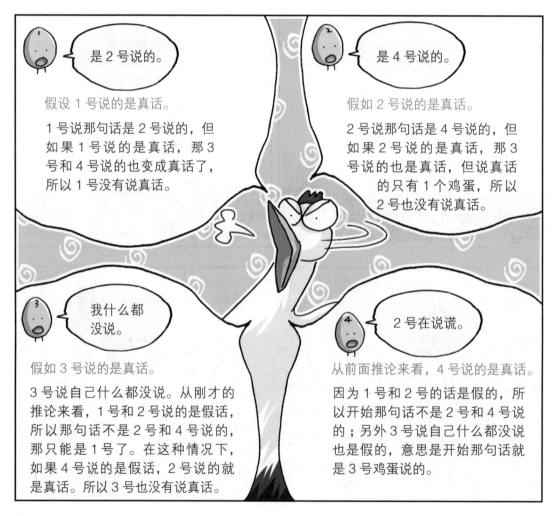

是 2 号说的。

假设 1 号说的是真话。

1 号说那句话是 2 号说的，但如果 1 号说的是真话，那 3 号和 4 号说的也变成真话了，所以 1 号没有说真话。

是 4 号说的。

假如 2 号说的是真话。

2 号说那句话是 4 号说的，但如果 2 号说的是真话，那 3 号说的也是真话，但说真话的只有 1 个鸡蛋，所以 2 号也没有说真话。

我什么都没说。

假如 3 号说的是真话。

3 号说自己什么都没说。从刚才的推论来看，1 号和 2 号说的是假话，所以那句话不是 2 号和 4 号说的，那只能是 1 号了。在这种情况下，如果 4 号说的是假话，2 号说的就是真话。所以 3 号也没有说真话。

2 号在说谎。

从前面推论来看，4 号说的是真话。

因为 1 号和 2 号的话是假的，所以开始那句话不是 2 号和 4 号说的；另外 3 号说自己什么都没说也是假的，意思是开始那句话就是 3 号鸡蛋说的。

嘻嘻！我是狐狸少年。

你们要是猜对了我的年龄，我就放了你们。

那你几岁了？

都说让你们猜了！

好歹给点提示吧！

就是！

你几岁了？

我? 10 岁了。

那以我的年龄的一半加上你的年龄就是我的年龄了。

这是提示？

有点模模糊糊的。

答案是什么啊?

好难啊!

哼 哼

快点回答我!

不……不知道!

哈哈! 不知道? 那我就把你们吃了!

等……等会!

在吃我们之前你得告诉我们答案呀!

好, 你们听好了。假如我的年龄的一半记为1个□, 那么我的年龄就是2个□相加, 没错吧?

又因为我的年龄的一半, 加上你的年龄就是我的年龄, 所以列成算术式就是□+□=□+10, 没错吧?

所以□=10，我的年龄就是20岁。

20岁？

等等，你都20岁了，怎么还能叫狐狸少年呢？

就是，应该叫狐狸青年才对！

狐狸青年

狐狸青年

狐狸青年

狐狸青年

狐狸青年

狐狸青年

啊！真讨厌这个名字！

喂，狐狸青年！

不要叫我狐狸青年！

如何平均分一张紫菜？

吵吵闹闹

你们怎么又吵起来了？

这次又是为了什么呀？

我们要平均分一张紫菜，但没想到有什么好办法。

纸？

你们说的是餐巾纸吗？

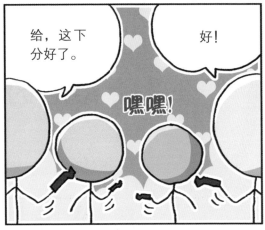

谁是偷铅笔的人？

A："1号是偷铅笔的人。"

B："2号是偷铅笔的人。"

C："1号和2号里有1个人偷了铅笔。"

D："1号和3号不是偷铅笔的人。"

A、B、C、D四个选项中有两个是真的，两个是假的。

嘀哩嘀哩

那我先走啦！

嗖

这……这算什么答案？

超级机器人还真厉害！

偷铅笔的人找到了！

是吗？

超级机器人不是说A、B、C、D四个选项中有两个是真的，两个是假的吗！

没错！

名侦探推理数学

所以先把4个人依次假设为偷铅笔的人，就能知道究竟是谁了。

 假设1号是偷铅笔的人 → A、C 两个选项就是真的。

 假设2号是偷铅笔的人 → B、C、D 三个选项都是真的。

 假设3号是偷铅笔的人 → A、B、C、D 四个选项都是假的。

 假设4号是偷铅笔的人 → 只有 D 选项是真的。

根据超级机器人给的提示，4个选项中有2个是真的，就能发现只有第一种假设成立。

所以偷铅笔的人就是1号。

原来如此！

太厉害了！

如何把鸡蛋怪
单独关起来？

村子里，每天一到晚上就会有 9 个鸡蛋怪
出没，打扰人们生活。

哈哈！ 嘻嘻！

啊！

快跑啊！

但有一位肥猫魔法师。

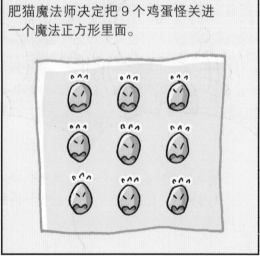

肥猫魔法师决定把 9 个鸡蛋怪关进
一个魔法正方形里面。

听到这个消息后，隔壁村的刺头少年也来到了村子里，想要观看肥猫魔法师的魔法。

听说肥猫要把鸡蛋怪都给关进魔法正方形里呢。

哇！

盒饭

吵吵闹闹

请各位安静点，我要开始施展魔法了。

看，他要开始了。

都说安静一点了！

你的声音更大！

魔法魔法，快快生效！

嘿！

唰

那把魔法正方形画好线，把它们一个一个分开就行啦。

真是个好办法！

对啊！

这……这样行不通。

为什么?

魔法正方形里不能画直线，只能在里面画正方形，而且还只能画 2 次。

可是画 2 个正方形不能把它们全部分开啊。

这样也不行，那样也不行……

大事不妙啊！

我有办法了！

什么办法？

把正方形转一下就好了！

转一下？

你看，像这样画就行啦！

哇，真的呢！

他真聪明。

不过，他是谁啊？

好像是隔壁村的。

现在鸡蛋怪都被关起来了。

哇！

谢谢你，刺头！

哈哈，不客气！

啪啪啪

正五边形里有多少颗珠子？

从今天开始，这就是我的座右铭。

呼呼！

保持
帅气！

帅气？

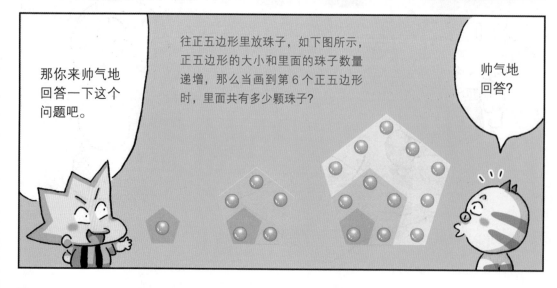

那你来帅气地回答一下这个问题吧。

往正五边形里放珠子，如下图所示，正五边形的大小和里面的珠子数量递增，那么当画到第6个正五边形时，里面共有多少颗珠子？

帅气地回答？

噢，我知道了！

你帮我准备好纸笔……

咦？

我先画 6 个正五边形，然后……

我再帅气地数珠子。

1、2、3……

这样帅吗？

难道我不是在帅气地数吗？

就你这样画好了再数珠子，也太烦琐了吧！

那还要我怎么样？

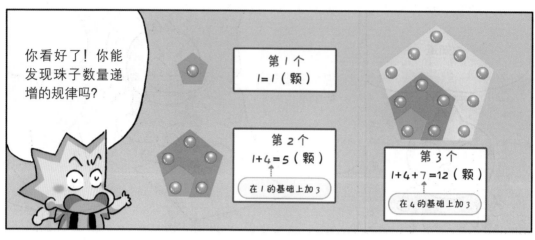

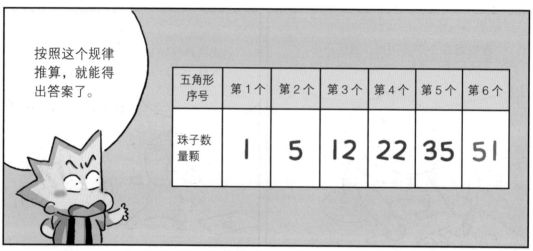

五角形序号	第1个	第2个	第3个	第4个	第5个	第6个
珠子数量颗	1	5	12	22	35	51

密码日记本里写了什么？

这样一来会被他发现我偷看他日记本的事情，还是忍忍吧。

好了，日记写完了！

我先出去玩了。

哦？他换了一本新的日记本？

好像也没上锁。这次我要不再看看？

算了，这种日记有什么可偷看的？

万一他这次真的写了呢，还是看一眼吧！

这……这又是什么？

是什么秘密文字吗？

×年×月

我天随写一就随写随写即我无境随写今也便写直是便写便写为心止地便写

等一下，我好像知道了！

这是"栅栏密码"！想解开这种密码，首先得把这些字都写成一行……

我天随写一就随写随写即我无境随写今也便写直是便写便写为心止地便写

然后在这句话中间设置"栅栏"，前半句放在第一行，后半句放在第二行……

我天随写一就随写随写即我无境随写

今也便写直是便写便写为心止地便写

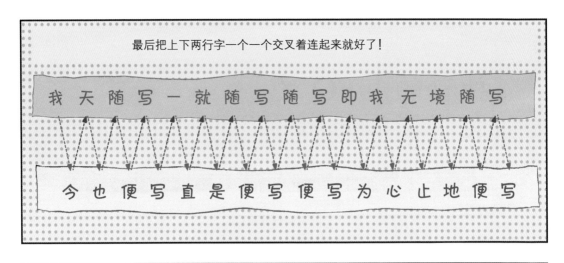

最后把上下两行字一个一个交叉着连起来就好了!

我 天 随 写 一 就 随 写 随 写 即 我 无 境 随 写

今 也 便 写 直 是 便 写 便 写 为 心 止 地 便 写

果然还是很
无聊……

我今天也随便写写。
一直就是随便写写。
随便写写即为我心。
无止境地随便写写。

神秘的 UFO 的大门密码是什么？

哇，是 UFO！

轰

隆

这是什么?

好像是密码的提示。

如图所示,把 1~9 九个数字分别填入图形中的空白处,使每个图形内的数字之和等于 13,且每个数字都只能使用一次。即数字 4、7、8 不能再用。

这扇门的密码是:序号①②③④⑤⑥代表的数字反过来排列。

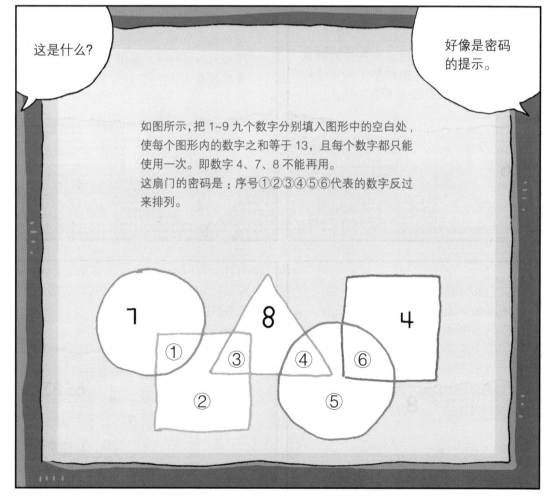

我们先来算简单的。
粉色圆形内数字为
7+①=13，所以
①=6。

紫色四边形内数
字为4+⑥=13，
所以⑥=9。

绿色正方形内数字为6+②+③=13，
所以②+③=7。满足这个条件的算式
有1+6, 2+5, 3+4，但数字4和6已经
使用过，所以只有2+5符合条件。

②=2，③=5

或者

②=5，③=2

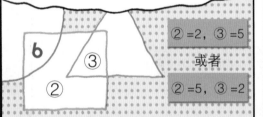

橙色圆形内数字为④+⑤+9=13，
所以④+⑤=4。满足这个条件的
算式只有1+3。

④=1，⑤=3

或者

④=3，⑤=1

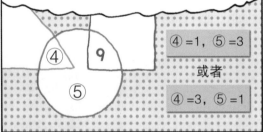

三角形内数字为8+③+④=13，
所以③+④=5。但前面得出③代
表的数字是2或5，④代表的数
字是1或3，因此③=2，④=3。

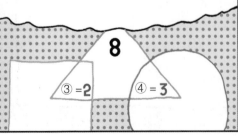

因为③=2，所以②=5；因为④=3，所
以⑤=1。由此可得，序号①②③④⑤⑥
代表的数字按顺序为652319，反过来排
序是913256。密码就是913256。

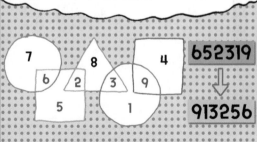

如何从恐怖房间逃生？

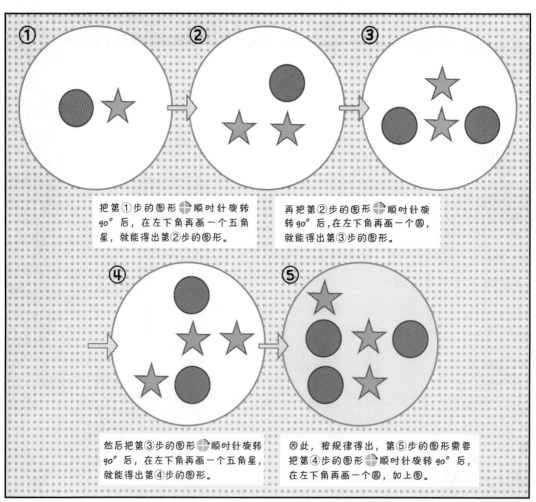

强盗们分别是什么血型?

不许动! 我们是火柴人强盗!

放……放过我们吧!

枪

好, 我可以放过你们!

谢谢!

前提是你们得告诉我, 我们分别是什么血型?

什么?

这个问题……为什么要问我们啊？

因为我们有三个人也不知道自己的血型。

我们 4 个里面只有我知道自己是什么血型，我是 O 型。

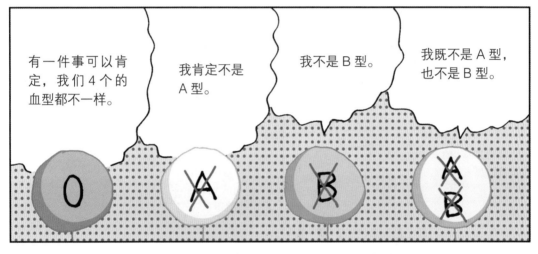

有一件事可以肯定，我们 4 个的血型都不一样。

我肯定不是 A 型。

我不是 B 型。

我既不是 A 型，也不是 B 型。

那答案就出来啦。我是 O 型，就剩……

这……

那个……

话说你们为什么要知道自己的血型啊?

我们想做一下性格测试。

哦,我的性格原来是这样的啊!

书上说我性格沉稳。

书上说我性格开朗。

不知为何,你们看起来不太像强盗……

血型性格测试

闹哄哄

你们不看星座运势吗?

如何在 8 次内解出 3 位数密码？

呃，突然想去上厕所。

哪儿有厕所呢？

东看西看

哦，那儿刚好有厕所。

噔

憋不住了!

请输入密码

咣当

密码是由 0 和 1 组成的 3 位数的密码组合的,如果输入密码 8 次还不能开门的话,厕所将会永久关闭。

啊,真令人着急啊!

万一我输入了 8 次还打不开门怎么办?

要不我还是回家吧,可是这里离家好远啊……

你怎么这么纠结?

噗

我又不是狗!

完了,快要拉出来了!

啊,不行了!我还是先算一下0和1能组成的3位数组合吧,000、001、010……

天哪,我着急上厕所还得先在这儿做算术题。

什么?!只有8种排列组合!

000
001
010
011
100
101
110
111

害我白白担心一场!8次以内就可以打开。

哐

F 键的位置在哪里?

啊,我要上厕所!

怎么回事?厕所怎么没有门?

怎么会有这种厕所?

啊,那边还有个厕所。

这个有门！

扑通……

请输入密码

方框键盘上分别写着从A～I 9个英文字母，正确按下F键所在的位置就可以开门。

① A位于B的右边。

② C位于D的正上方。

③ E位于F的正下方。

④ 位于H的正下方。

⑤ I位于E的左边。

⑥ B位于H的右边。

我都快拉到裤子上了，还得答题！

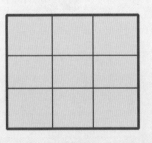

首先，第①条提示A恰好在B的右边，所以……

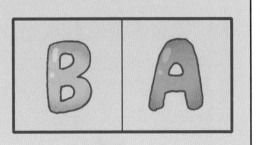

B A

再看看有没有别的提示里提到了A或者B的。

有了，第⑥条提示里有B！

名侦探推理数学

第⑥条提示B位于H的右边，所以这一行应该是这样……

第④条提示G位于H的正下方，所以是这样……

第②条提示C位于D的正上方，所以是这样……

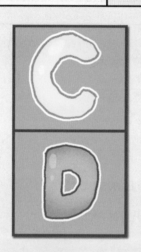

第③条提示E位于F的正下方，像这样……

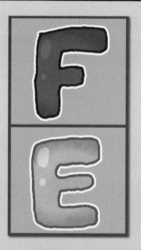

第⑤条提示I位于E的左边，像这样……

把这几条提示的结果图组合在一起，按键字母分布应该是这样！

神奇推理数学

★名侦探福尔摩斯多少岁了？

名侦探福尔摩斯以其清醒的头脑和出色的推理能力而受到大家的喜爱！同时他也是个怪人，因为对于那些对他年龄感到好奇的朋友们，名侦探福尔摩斯是这样回答的。

到现在为止，我人生有 $\frac{1}{2}$ 的时间在寻求案件真相，又有 4 年时间在阅读，而睡眠又占了我人生 $\frac{3}{8}$ 的时间，其他时间不计，那大家说我今年多少岁了呢？

如何计算名侦探福尔摩斯的年龄呢？

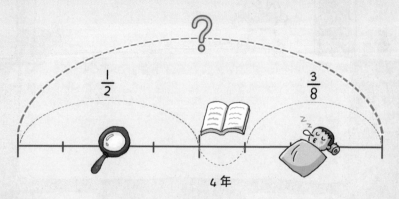

首先，将福尔摩斯的年龄用一条线段表示，假设线段整体为 1，那么福尔摩斯用于阅读的时间就是整体的 $\frac{1}{8}$ ，因为（$1-\frac{1}{2}-\frac{3}{8}=\frac{8}{8}-\frac{4}{8}-\frac{3}{8}=\frac{1}{8}$）；又因为阅读具体时间为 4 年，所以名侦探福尔摩斯的年龄为 $4 \times 8 = 32$（岁）。

★如何让大家安全过河？

中世纪欧洲的书本上记载着这样一个故事，让我们一起来看看吧！

问题

很久以前，有一个少年，他提着一筐白菜，带着一只羊和一头狼行走在乡间。走着走着，他看见有一条河挡住了他们的去路。幸运的是，河岸边有一艘小船，小船可以载着他们过河。但是船太小了，他们没法儿一起乘船，少年每次只能带一件东西或者一只动物到对岸。为此，少年有些担心：如果让羊和狼独处，狼会把羊吃掉；如果让羊和白菜独处，羊会把白菜吃完。那到底该怎样才能让大家都安全抵达对岸呢？

少年开动脑筋，思考了一会儿，终于想出了办法让大家都安全地过河了。

少年究竟是怎么做到的呢？

①首先，少年带着羊乘船过了河，到达 B 区（河对岸）。

②然后，少年把羊留在 B 区，又回 A 区把白菜运到了 B 区；把白菜放到 B 区后，少年带着羊一同回 A 区。

③回到 A 区后，少年将羊留在 A 区，带着狼一起乘船到了 B 区；将狼和白菜放在一起后，少年又独自乘船回 A 区。

④最后，少年带着羊一起乘船到了 B 区。就这样，少年、羊、狼、白菜都安全地渡过了小河。

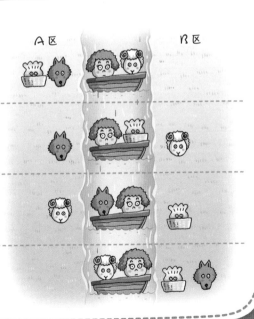

生活中的

推理数学

如何算出紧闭大门的密码？

依次横向按下下图中动物图案代表的数字即可开门。

我就想玩一会儿游戏，怎么也要密码啊？

最近真是有解不完的密码！

先算最后一列，🐮 x 2=40，所以 🐮 =20。再据此算第一行：🐭 +12=20，所以 🐭 =8。

最后一行，🐲 – 🐵 =40，所以 🐲 代表的数字应该大于 40；又因为 🐭 =8，根据九九乘法口诀，我们可以先假设 🐯 代表的数字为 6，那么 🐲 = 6 x 8=48。

此时，第三行，6– 🐰 =2，所以 🐰 =4；第三列：🐵 =12–4=8。

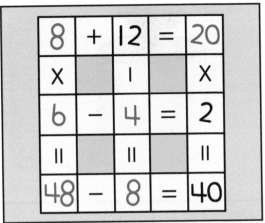

*茫然若失：神情迷茫，像丢失了什么。

小狗的重量是多少？

小狗的重量刚好是狗妈妈重量的一半。把它们分别放在托盘天平两侧，小狗所在一侧加一个4kg的砝码时，两侧天平保持平衡。请问小狗的重量是多少？

这也太简单了！

就是，我看一眼就知道答案了。

答案是4kg！

恭喜你，答对了！

我想着让你们休息一会儿，所以故意出了一道简单的题。

作者

如何用 2 根火柴棒组成 8 个三角形？

大家好！自我介绍一下，我是无理怪！

他专门给过路的人出题，要是回答不出来就不让人走。

万一他为了抓人，专门出一些没有答案的题怎么办？

别说话了，我要出题了！你们用 2 根火柴棒组成 8 个三角形试试，成功了我就放了你们。

啊？

这怎么可能？

组 1 个三角形都要用 3 根火柴棒……

要怎么才能只用 2 根火柴棒组成 8 个三角形啊?

哈哈,你们不知道吗?

是,我们的确不知道!

那你说说看!

我说? 这是给你们出的题。

我们都说了不知道!

那我只能不让你们走!

等等!

我们再想想办法!

快想想办法吧！

这种没有答案的问题怎么想得出来啊？

俗话说"天无绝人之路"，我们总有办法的。

你们赶紧头碰头一起想想吧，想到了我就放过你们。

头碰头？

啊，有办法了！

什么？

让火柴棒头碰头就好了！

火柴棒头碰头？

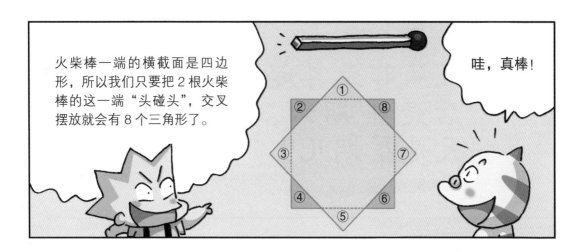

如果从昨天算起，4天后是星期六，那明天是星期几？

我决定从今天开始，出一些有答案的题。

真的吗？

我决定从昨天算起，4天后，也就是星期六，和朋友一起出去郊游。所以和朋友约好了明天一起去买郊游用的东西。那请问明天是星期几？

从昨天算起，4天后……

也就是过完今天再过3天。

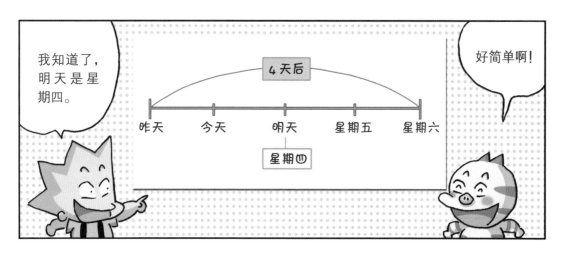

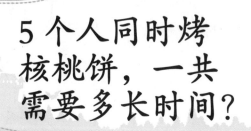

5个人同时烤核桃饼，一共需要多长时间？

我突然被一阵风吹啊吹啊……

飕

飕

救命!

你要是答对了我出的题,我就救你下来。

这都什么时候了,还要答题啊!

你不愿意的话就算了。

转头

好了好了,你出题吧!

1位厨师烤2个核桃饼用时5分钟。

那5位厨师烤20个核桃饼,一共需要多长时间?

要几分钟呢?

都被挂在树上了，还突然装深沉……

嗯……

摇晃

摇晃

我知道了，一共需要10分钟。

1位厨师烤2个核桃饼用时5分钟，那5位厨师同时烤，每人2个核桃饼同样用时5分钟，即5分钟可以烤出10个核桃饼。所以烤20个核桃饼，一共需要5×2=10（分钟）。

哈哈，答对了!

那现在快帮忙让我下去吧!

可是……

我没有梯子啊。

那怎么办!

如何刚好倒出一半的水？

喀喀！

啊！又是无理怪！

别叫我无理怪！我现在出的题都有答案。

好……好吧！你又要出题啊？

只要是有答案的题，随你怎么出。

有一个容积为 5 L 的立方体水桶，里面装满了水。如果要刚好倒出 2.5 L 水，该怎么办？

2.5 L 刚好是 5 L 的一半。

嗯，看样子还是有点难度。

桶里没标刻度吗？

当然没有了！

得有刻度才能刚好倒出一半呀……

对了，利用对角线就行了！

对角线？

沿正方形的对角线剪开，刚好可以得到原正方形的一半。所以利用这个原理，我们把水桶倾斜直至出现对角线，就能刚好倒出一半的水了。

如何将正六棱柱形状的蛋糕平均分成 8 份?

刺头，祝你生日快乐!

我们给你买了生日蛋糕!

哇，谢谢你们!

这是个正六棱柱* 蛋糕啊!

怎么了? 你不喜欢吗?

看起来真好吃!

*正六棱柱:是一种立体图形,底面为正六边形,且六个侧棱均与底面垂直。

那倒不是。我们不是一共有 8 个人吗，我在想该怎么平分蛋糕？

这样一说还真是呢。

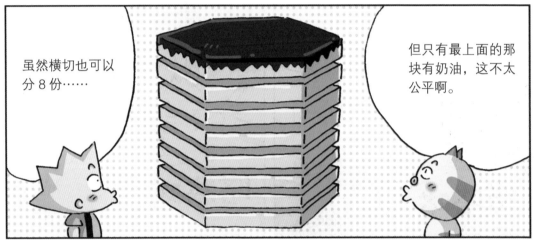

虽然横切也可以分 8 份……

但只有最上面的那块有奶油，这不太公平啊。

对了，都切成梯形的就好了！

等边三角形？

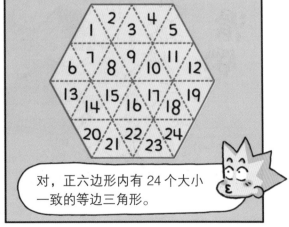

对，正六边形内有 24 个大小一致的等边三角形。

生活中的推理数学

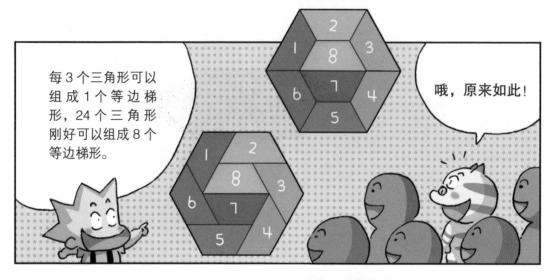

每3个三角形可以组成1个等边梯形，24个三角形刚好可以组成8个等边梯形。

哦，原来如此！

我去拿塑料刀切蛋糕！

好。

好了，切蛋糕吧！

梦的主人是谁？

哇，天气真好啊！

我们好像在梦里？

是吗？

这个梦也太真实了吧，好神奇！

捏脸

到底谁是这个梦境的主人？

难道是你吗？

我是不会做梦的，所以不是我的梦。

他们各说各的，到底谁说的是真的，我们不得而知了。

该相信谁说的话呢？

云朵啊云朵，你可以告诉我们，他们谁说的是真话吗？

飘动

他们4个中有1个在说谎！

轰

那我就先……

4个中有1个在说谎？

飘动

也就是这4句话
里有1句谎话?

太阳："这是虚空的梦境。"

虚空："不对，这是大地的梦境。"

石头："我是不会做梦的，
所以不是我的梦。"

大地："虚空在说谎呢。"

那我们一句
一句来看吧。

①假设太阳的话是
假的

虚空说的是真的，梦的主人是大地，
那么大地的话就是假的。

②假设虚空的话是
假的

太阳的话是真的，虚空是梦的主人；
石头和大地的话也是真的。

③假设石头的话是
假的

梦境的主人就是石头，那太阳和虚
空的话也是假的。

④假设大地的话
是假的

虚空的话是真的，大地是梦的主人；
那太阳的话也是假的。

这样看来，只有第
②种情况符合。

原来梦境
的主人是
虚空啊!

哈哈，被发现了。

你竟然在说谎！

你想挨训吗？

你要怎么教训虚空？

就是呀！

虚空看不见，也抓不着……

而且这是虚空的梦境啊。

对呀。

那我们只是暂时出现在虚空的梦里吗？

现实生活中的我又在哪里呢？

方框里的数字是多少?

决斗吧!

你尽管放马过来!

接招!

唰

看看，方框里应该分别填什么数字？

思考

□, □, 59, 55, 51, □, 43

我找到规律了，后一个数字减 4 等于前一个数字，所以方框里的数字按顺序是 67、63、47。

竟然这么快就答对了！

哈哈，这下轮到我出题了吧？

我也出了方框问题。

甩

唰

说说看方框里应该分别填什么数字。

7, 4, □, 8,
5, □, 9

7比4大3，8也比5大3，难道这道题的规律是递减3？

但是4−3=1，1和8之间也不是这个规律啊！

快作答吧！

不，不知道！

呵呵，其实这依次是九九乘法表里以7开头的乘法算式结果的个位数数字。
3×7=21，6×7=42，所以方框里的数字为1和2。

×	1	2	3	4	5	6	7
7	7	14	21	28	35	42	49

啊，原来如此！

0大于2，2又大于5？

你好，我们都想成为侦探。

要成为侦探的话该怎么做呢？

名侦探之家

要成为一名侦探，首先需要擅长推理才行。

推理？

我给你们出一道推理题，你们试试吧。

好啊！

好！

在什么情况下，0大于2，2大于5，而5大于0呢？

好难啊！

给点提示吧。

所谓推理的过程，其实就是重新整理问题的过程。这就是提示。

整理问题？

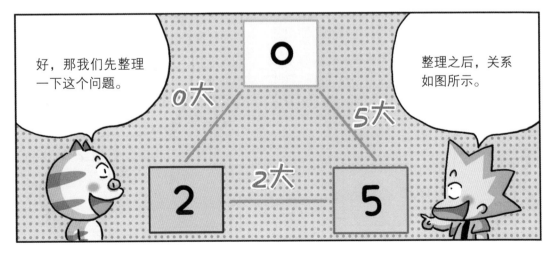

好，那我们先整理一下这个问题。

整理之后，关系如图所示。

如何用一个 5 L 和一个 3 L 的容器恰好盛 4 L 水？

看好吧！首先将 5 L 的容器装满水。

满满

5 L

然后用装有 5 L 水的容器往 3 L 的空容器里倒满水。

5 L

3 L

那原本 5 L 的容器里还剩多少水呢？

2L

3L

5-3=2（L），还剩 2 L。

好的，然后把 3 L 的容器中的水倒掉。

2L

哗啦

喂，你怎么这样！

*漫画情节，请勿模仿。

再把 5 L 容器里剩下的 2 L 水倒进 3 L 的容器内，

然后再次把 5 L 的容器装满水，然后……

满 5L 满

把这 5 L 容器里的水倒进 3 L 的容器。

此时 3 L 的容器，只需往里倒 1 L 水，对吧？

对呀，因为刚才容器里已经有 2 L 水了。

1L

2L

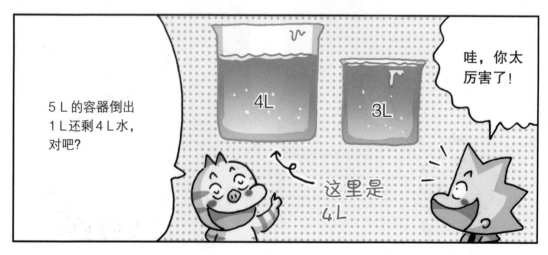

5 L 的容器倒出 1 L 还剩 4 L 水，对吧？

哇，你太厉害了！

4L

3L

这里是 4L

哎哟，挺厉害嘛！

这算什么，小菜一碟！

好了，既然你们回答对了，那现在……

现在该放了我们吧！

我就要和你们玩！

这是回答对了就会死缠烂打的怪物吗？！

所以你为什么要答对？

刚才你不是还说我很厉害吗？

计算快如闪电的
秘诀是什么？

这儿有一堆
积木呢！

是我堆起来的。

这么快就算出来了?

因为像这样堆起来的 4 层积木堆,表面能看见和看不见的积木块数是一样的。

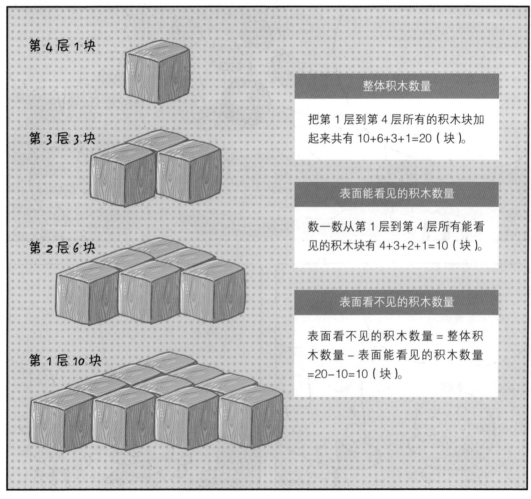

第 4 层 1 块

第 3 层 3 块

第 2 层 6 块

第 1 层 10 块

整体积木数量

把第 1 层到第 4 层所有的积木块加起来共有 10+6+3+1=20(块)。

表面能看见的积木数量

数一数从第 1 层到第 4 层所有能看见的积木块有 4+3+2+1=10(块)。

表面看不见的积木数量

表面看不见的积木数量 = 整体积木数量 – 表面能看见的积木数量 =20–10=10(块)。

一整块

朋友们的姓氏和名字分别是什么？

你怎么了？

哎哟！

我上周因为生病在家休息了一周，这期间有4个朋友分别来我家看我了。

这是什么？

我根据日期写下了那些天来探病的朋友的姓或名。但因为当时生病实在难受，我现在想不起来具体是谁来过了。

日期	星期一	星期二	星期三	星期四	星期五	星期六	星期日
来探病的朋友	狮子 小鹿 狼	兔子 吴	金 李 吴	小鹿	李 兔子 狼	李 小鹿	狼 郑 吴

哦……

我想通过这张表找到我的朋友，但不知道该怎么把姓和名联系起来。

首先可以肯定，表格里分别有 4 个姓和名。

〈姓〉
吴，金，李，郑

〈名〉
狮子，小鹿，狼，兔子

接下来，我们把线索一条一条展开看看吧。

什么意思?

表格里星期二、星期五、星期六、星期日不是分别写了姓和名吗?

嗯。

那把线索整理一下可以得出结论。

星期二→兔子不姓吴。
星期五→兔子和狼都不姓李。
星期六→小鹿不姓李。
星期日→狼既不姓郑也不姓吴。

将结论整理成表格如下：

	🐰 兔子	🦁 狮子	🐺 狼	🦌 小鹿
吴	X		X	
金				
李	X		X	X
郑			X	

我都给了这么多提示了，现在知道答案了吧？

什么答案？

	🐰 兔子	🦁 狮子	🐺 狼	🦌 小鹿
吴	X	X	X	O
金	X		O	
李	X	O	X	X
郑	O		X	

狮子

因为兔子、狼、鹿都不姓李，所以只有狮子姓李。

（李狮子）

狼

因为狼不姓吴、李、郑，所以狼姓金。

（金狼）

小鹿

因为兔子、狼、狮子都不姓吴，所以姓吴的只有小鹿。

（吴小鹿）

兔子

根据前述结论，自然可以得出兔子姓郑。

（郑兔子）

好了，我这就出发去找他们！

你要去谢谢他们吗？

真是个知恩图报的好孩子。

趣味推理数学

★ 如何缩短烤面包时间？

刺头一家有 3 口人，每天早晨刺头的爸爸、妈妈和刺头都会用平底锅烤面包吃。平底锅一次可以烤 2 片面包，面包烤一面需要 30 秒。下图是刺头一家现在烤面包的方法和用时。

① 刺头的爸爸、妈妈吃的面包，先用平底锅同时烤 2 片面包的同一面。（30 秒）

② 再将 2 片面包翻面继续烤熟。（30 秒）

③ 用平底锅单独烤刺头要吃的 1 片面包。（30 秒）

④ 最后将面包翻面烤熟即可。（30 秒）

用现在的烤面包方法，刺头一家的早餐面包烤好共需要 120 秒。有没有更高效率的方法？让我们一起帮刺头想想怎样缩短烤面包的时间吧！

① 先用平底锅同时烤 2 片面包的同一面。妈妈吃的标记为 A，爸爸吃的标记为 B。（30 秒）

② 将刺头吃的面包标记为 C，然后暂时把 B 面包取出，同时烤 A 面包的反面及 C 面包的任意一面。（30 秒）

③ 此时 A 面包全部烤好，再将 B、C 面包的另外面包烤熟即可。（30 秒）

通过这种方法，刺头一家烤面包的时间就缩短到 90 秒了，节省了不少时间呢！

★ 找找隐藏在身份证号码里的秘密吧!

每个人都有一张独一无二的身份证,18 个数字(字母)组合在一起,那么大家知道身份证号码的 18 个数字(字母)分别代表什么含义吗?

身份证号码校验码的计算方法:

(1)将前面的身份证号码 17 位数分别乘以不同的系数,从第一位到第十七位的系数分别为 7、9、10、5、8、4、2、1、6、3、7、9、10、5、8、4、2;

(2)将这 17 位数字和系数相乘的结果相加;

(3)再将结果相加之和除以 11,看余数是多少;

(4)余数只可能有 0、1、2、3、4、5、6、7、8、9、10 这 11 个数字,其分别对应的最后一位身份证的号码(校验码)为 1、0、X、9、8、7、6、5、4、3、2;

(5)通过上面得知如果余数是 2,就会在身份证的第 18 位数字上出现罗马数字 X,如果余数是 10,身份证的最后一位号码就是 2。

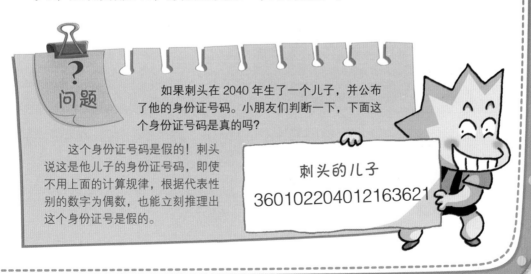

问题

如果刺头在 2040 年生了一个儿子,并公布了他的身份证号码。小朋友们判断一下,下面这个身份证号码是真的吗?

这个身份证号码是假的! 刺头说这是他儿子的身份证号码,即使不用上面的计算规律,根据代表性别的数字为偶数,也能立刻推理出这个身份证号是假的。

刺头的儿子
360102204012163621

想知道怎样才能吹出一个方形的泡泡吗

用什么样的实验可以求出三角形的内角之和？把莫比乌斯环平均分成三份会怎么样？《儿童百问百答 66 神奇的数学实验》将为你一一解答。